RECHERCHES

SUR

L'ANATOMIE PATHOLOGIQUE

DES

GROSSES HYDROCÈLES

PAR

Sébastien MARIMON,

DOCTEUR EN MÉDECINE DE LA FACULTÉ DE PARIS.

PARIS

A. PARENT, IMPRIMEUR DE LA FACULTÉ DE MÉDECINE

RUE MONSIEUR-LE-PRINCE 29, 31.

1874

RECHERCHES

SUR

L'ANATOMIE PATHOLOGIQUE

DES

GROSSES HYDROCÈLES

PAR

Sébastien MARIMON,

DOCTEUR EN MÉDECINE DE LA FACULTÉ DE PARIS.

PARIS

A. PARENT, IMPRIMEUR DE LA FACULTÉ DE MÉDECINE

RUE MONSIEUR-LE-PRINCE 29, 31.

1874

A MIS QUERIDOS Y AMADOS PADRES

Testimonio de filial cariño.

A MI QUERIDO PRIMO D. PIO PORTA

Accepta esta tesis como prenda del afecto y de la gratitud qui para ti y para los tuyos guardo.

A MON PRÉSIDENT DE THÈSE,

M. GOSSELIN,

Professeur de clinique chirurgicale à la Faculté de médecine de Paris,
Chirurgien de l'hôpital de la Charité,
Membre de l'Institut et de l'Académie de médecine,
Commandeur de la Légion d'honneur.

A M. LE DOCTEUR LANNELONGUE,

Professeur agrégé à la Faculté de médecine de Paris,
Chirurgien des hôpitaux,
Chevalier de la Légion d'honneur.

RECHERCHES

SUR

L'ANATOMIE PATHOLOGIQUE

DES

GROSSES HYDROCÈLES

L'étude de l'hydrocèle de la tunique vaginale présente surtout de l'intérêt au point de vue de l'anatomie pathologique ; la symptomatologie de cette affection, sa marche, ses complications, ont été l'objet de nombreux travaux ; — le traitement est ce qui a été le mieux étudié par les auteurs ; —nous sommes aujourd'hui presque fixés sur la valeur de chacune des méthodes thérapeutiques qui ont été proposées. Par contre, quelques lésions anatomiques de l'hydrocèle ne sont pas très-bien connues ; outre qu'elles ne sont pas constantes, comme l'hydrocèle est une affection qui n'entraîne pas la mort, on n'a pas souvent l'occasion de les étudier sur le cadavre. De là vient, sans doute, que ce point de l'histoire de l'hydrocèle est un des moins connus. Depuis les nombreux travaux de M. le professeur Gosselin, publiés dans les *Archives*, depuis la traduction et l'annotation par cet auteur de l'ouvrage de Curling, l'étude des lésions de l'épididyme dans l'hydrocèle n'avait été l'objet d'aucun travail spécial. Ce n'est que tout dernièrement, en 1872, que M. Panas a repris la question, sur de nouveaux faits ;

plus récemment encore, M. Lannelongue a donné communication à la Société de chirurgie des résultats des recherches qu'il a faites à Bicêtre sur cette partie de la pathologie de l'hydrocèle.

Les documents sur lesquels je m'appuie, dans le cours de ce travail, appartiennent à M. Lannelongue ; il ne faut pas s'attendre à trouver ici une étude complète de toutes les lésions qui accompagnent l'hydrocèle ; cette étude est à faire ; je ne prétends ici que présenter quelques faits nouveaux ; l'occasion de les constater, comme je l'ai déjà dit, n'est pas fréquente. Je crois donc qu'il sera toujours utile d'étudier ceux qui ont été observés ; à cet effet, je reproduirai quelques-unes des pièces pathologiques que M. Lannelongue possède, et qu'il a mises à ma disposition. Les idées capitales de ce travail lui appartiennent ; heureux si je puis les rendre avec une fidèle exactitude. En lui dédiant cette thèse, c'est pour moi un devoir des plus agréables de lui témoigner toute ma reconnaissance, et pour les conseils qu'il m'a donnés, et pour la bienveillance qu'il n'a cessé de me témoigner, bienveillance et conseils que je n'oublirai jamais.

Je diviserai mon sujet comme il suit :

1° Considérations sur l'anatomie et la physiologie de la tunique vaginale ;

2° Pathogénie et étiologie de l'hydrocèle ;

3° Anatomie et physiologie pathologiques.

I.

CONSIDÉRATIONS SUR L'ANATOMIE ET LA PHYSIOLOGIE DE LA TUNIQUE VAGINALE.

La tunique vaginale est la membrane séreuse qui enveloppe le testicule, pour en faciliter les mouvements; unie intimement à cet organe, elle ne le recouvre pas dans toute son étendue. C'est surtout son bord postéro-supérieur par où pénètrent les vaisseaux spermatiques qui reste à découvert et en contact immédiat avec la tête, la queue, et une partie du corps de l'épididyme.

Plutôt que de faire une étude complète de la tunique vaginale, nous tenons à signaler les particularités dignes de remarque qu'elle présente au point de vue du sujet qui nous occupe. Ces particularités sont, disons-le tout de suite, relatives à ses rapports et à sa résistance.

Comme toutes les membranes séreuses, la vaginale forme un sac sans ouverture; une partie accolée par sa surface externe aux organes (testicule et épididyme) forme le feuillet viscéral, le reste constitue le feuillet pariétal. C'est entre ces des deux feuillets qu'ont lieu les frottements qui résultent de la mobilité du testicule; c'est la disposition commune à toutes les membranes séreuses.

Sur la face externe du testicule, la séreuse remonte plus haut que sur la face interne; sur celle-ci, elle se termine au niveau du bord supérieur de l'organe; sur celle-là elle s'étend jusqu'à la face supérieure de l'épididyme. L'endroit où les deux feuillets se tiennent et se confondent correspond aux culs-de-sac ; en réalité, il n'y en a qu'un supérieur, plus ou moins régulièrement circulaire, mais comme il est surtout prononcé ou visible sur les côtés, on admet et on décrit un cul-de-sac interne et un cul-de-sac externe ; l'interne ne dépassant pas le bord supérieur du testicule, l'externe se terminant à la face supérieure de l'épididyme.

L'adhérence du feuillet viscéral n'est pas aussi intime avec l'épididyme qu'avec le testicule. La tunique albuginée est si intimement unie avec la séreuse qu'elles se confondent ; au contraire, la partie du feuillet viscéral qui tapisse l'épididyme y adhère par un tissu cellulaire résistant, sans doute, mais pas assez cependant pour que, dans certains cas, il n'abandonne une partie de ses rapports avec l'épididyme ; comme Huschke l'a dit très-bien, si l'union de la tunique séreuse avec l'albuginée est très-intime au niveau du testicule, on peut aisément les séparer au niveau de l'épididyme. Nous avons dit que ce feuillet viscéral remontait du côté externe du testicule jusqu'à la face supérieure de l'épididyme, mais il ne faut pas croire qu'il passe directement de l'un à l'autre de ces organes. Entre le bord postérieur du testicule et l'épididyme, le feuillet viscéral forme un repli ou une cavité, et, par suite de cette disposition, l'épididyme fait une saillie dans la cavité même de la vaginale, du côté externe seulement ; tandis qu'à la partie interne, il n'arrive pas jusqu'à l'épididyme. Nous ne pouvons mieux faire pour décrire la disposition de la vaginale à ce niveau que de transcrire le passage suivant de Huschke (*Encyclopédie anatomique*) :

« Le bord droit du testicule, endroit par lequel entrent

et sortent les éléments de cette glande, est le seul point où la tunique vaginale propre manque en grande partie ; elle y laisse à découvert une languette de l'albuginée, étroite vers le milieu du corps, mais large à la tête et surtout à la queue ; là elle forme un court et large repli (le ci-devant mésorchium), entre les lames duquel passent les vaisseaux et les nerfs, et qui se réfléchit sur lui-même pour aller se continuer avec le feuillet externe. En effet les deux faces, les extrémités et le bord antérieur du testicule sont parfaitement couverts par le feuillet interne, mais le revêtement de la face interne se réfléchit sur lui-même pour aller se continuer de suite avec le feuillet externe, sans entrer en contact avec l'épididyme, tandis que celui de la face externe tapisse de tous côtés la partie supérieure de la tête de l'épididyme qui, à cause de cela, fait une saillie libre d'une à deux lignes, s'étend moins sur l'entrée des cônes vasculaires, et ne couvre point du tout la face inférieure de la queue. Au corps de l'épididyme, au contraire, la tunique vaginale se jette d'abord sur toute la portion du dos du testicule, qui regarde l'épididyme, revient ensuite à la face inférieure de ce dernier, vers son bord aigu, revêt aussi ce bord et continue son chemin sur la face supérieure du corps, de la tête et de la queue, après quoi, elle se réfléchit sur elle-même pour se continuer avec le feuillet externe. Il résulte de ce revêtement séreux complet que le corps est beaucoup plus libre que la tête et surtout que la queue, on peut aisément le soulever ; entre lui et le testicule, se trouve une poche plus ou moins longue et profonde que tapisse le feuillet interne, (sac de l'épididyme), et sur les limites de laquelle ce dernier forme un pli, ligament de l'épididyme. »

Ce que le feuillet pariétal offre d'intéressant pour nous, c'est le tissu cellulaire qui le double. Ce tissu cellulaire est assez lâche, il peut être insufflé facilement, et c'est seulement à la partie supérieure, aux points où la séreuse se réfléchit qu'il présente une certaine résistance à la distension.

Si, maintenant que nous connaissons les parois, nous étudions la cavité de la vaginale, nous trouvons qu'elle entoure le testicule de tous côtés, excepté en arrière et en haut au niveau du bord postéro-supérieur, et qu'elle s'étend plus du côté externe que du côté interne de cet organe, de sorte qu'il est mobile surtout en dehors et en avant.

Nous verrons plus tard que la pathologie est parfaitement d'accord avec ces résultats, et que c'est en vertu de cette étendue plus grande de la cavité vaginale sur la face externe, que l'hydrocèle volumineuse se prolonge souvent en haut et en dehors du cordon et des vaisseaux spermatiques.

Les propriétés physiologiques de la tunique vaginale ne présentent rien de spécial ; comme toutes les séreuses, elle sécrète un liquide lubréfiant, qui facilite le glissement des deux feuillets l'un sur l'autre ; ce liquide continuellement exhalé à sa surface est aussi continuellement résorbé de manière à ne jamais dépasser la quantité nécessaire pour la maintenir humectée. C'est à la présence de cette séreuse que le testicule doit cette mobilité qui lui permet de se dérober aux contusions et aux froissements.

II.

PATHOGÉNIE ET ÉTIOLOGIE DE L'HYDROCÈLE.

« Si la sérosité de la tunique vaginale vient à être exhalée en plus grande quantité qu'à l'ordinaire, ou si son absorption régulière est empêchée par une cause quelconque, elle s'accumule par degrés en distendant le sac qui la contient, et donne naissance à l'hydrocèle. »

Cette définition que nous empruntons à Boyer, donne en même temps le processus pathogénique de l'hydrocèle; comme les hydropisies des séreuses en général, l'hydropisie de la tunique vaginale ne peut reconnaître comme cause prochaine qu'une rupture d'équilibre entre la sécrétion et l'absorption ; et cette rupture d'équilibre peut se réaliser de deux manières, soit par une sécrétion exagérée, soit par absorption diminuée ; dans l'un ou dans l'autre cas, le résultat est le même, production d'un épanchement.

Mais ces deux processus sont loin d'avoir une importance égale dans la production de l'hydrocèle ; c'est, sans contredit, à l'exagération de la sécrétion que revient le rôle capital ; sans doute, un obstacle à la circulation en retour, dans les veines spermatiques, peut donner lieu à un épanchement dans la tunique vaginale ; il en est de même des obstacles à la circulation générale, tels qu'on les observe dans les maladies du cœur ; mais ces épanchements sont généralement peu abondants ; ils disparaissent, du reste, avec la cause qui les produit, ou ne constituent qu'un phénomène sans importance, lorsque cette cause est de nature à ne pouvoir pas être levée. Nous verrons, du reste, plus tard que les qualités du liquide épanché excluent, dans la plupart des cas, l'idée d'une hydropisie passive.

On sait que les hydropisies isolées des séreuses, si l'on en excepte l'ascite, que les hydrothorax, l'hydropéricarde, l'hydrocéphalie, l'hydarthrose, etc., sont très-rarement des hydropisies passives; dans l'immense majorité des cas, sinon dans tous, elles reconnaissent pour cause l'irritation à divers degrés, depuis l'irritation sécrétoire jusqu'à l'inflammation. C'est même, en considération de ce processus, que la tendance générale est aujourd'hui de classer un grand nombre de ces épanchements parmi les inflammations. Bien des épanchements, survenus sans phénomènes inflammatoires marqués, sont aujourd'hui appelés pleurésies, qui autrefois auraient été classés parmi les hydrothorax; l'hydrocéphalie si fréquente autrefois disparaît de plus en plus devant la méningite; dans les épanchements articulaires seuls, l'usage a prévalu de désigner sous le nom d'hydarthrose, des épanchements de nature irritative ou inflammatoire évidente. Ces réflexions, croyons-nous, peuvent également s'appliquer à l'hydrocèle.

Telle était déjà l'opinion de Delpech, qui, dans son *Traité élémentaire des maladies réputées chirurgicales* (1816), t. III, p. 179, déclarait que « l'inflammation chronique ou la simple irritation sont causes très-familières d'hydrocèle. »

De son côté, Astley Cooper s'exprimait comme il suit:

« On attribue souvent l'hydropisie en général, et l'hydrocèle en particulier à une augmentation de la sécrétion, ou à une diminution de l'absorption, mais cette explication n'est qu'une manière d'éluder la difficulté. Quant à moi, je crois qu'une diminution d'absorption est rarement la cause d'une hydropisie.

« Nous voyons quelquefois un bras ou une jambe tuméfiés à la suite de l'engorgement des ganglions absorbants de l'aisselle ou de l'aine; mais cette tuméfaction est très-différente de l'œdème ordinaire, en ce qu'elle offre beaucoup plus de dureté et de tension qu'on n'en trouve ordinairement dans l'hydropisie.

« Les tuméfactions hydropiques, au contraire, sont ordinairement le résultat d'une augmentation dans l'exhalation artérielle; la preuve de ce fait se trouve dans la vascularité plus grande de la surface membraneuse qui produit le liquide dont la quantité est anormalement augmentée, vascularité que démontrent les injections sur le cadavre, et que l'on peut observer sur le vivant; on la trouve encore dans l'épaississement de la membrane, et dans les autres altérations qu'elle subit dans les cas d'hydropisie et d'hydrocèle de longue durée, enfin dans la promptitude avec laquelle l'hydrocèle succède à l'inflammation du testicule et de la tunique vaginale.

« Toutefois l'hydrocèle ordinaire est moins le fait de l'inflammation que celui d'un relâchement qui porte sur les artères et les veines, et par suite duquel les orifices exhalants versent une plus grande quantité de liquide qu'à l'ordinaire.

« Les vaisseaux absorbants du cordon spermatique sont beaucoup plus volumineux du côté de l'hydrocèle que du côté opposé, ainsi que j'ai pu m'en assurer par les injections. »

Si nous avons transcrit ce passage, malgré sa longueur, c'est que l'opinion d'Astley Cooper a été maintes fois défigurée par des citations incomplètes, dans lesquelles ne se trouve mentionné que le relâchement des vaisseaux. Il suffit de lire les paragraphes transcrits pour se convaincre que c'est bien d'un processus inflammatoire lent, et auquel il ne manque que la vivacité dans les accidents pour mériter le nom d'inflammation, qu'il s'agit dans la description du chirurgien anglais. Dans tous les cas, le rôle de la diminution de l'absorption se trouve nettement écarté.

Un autre argument en faveur de la nature irritative du processus qui préside à la production de l'hydrocèle se tire de la nature du liquide épanché ; par ses propriétés physico-chimiques, le liquide de l'hydrocèle se rapproche bien plus des épanchements inflammatoires que de celui des hydropisies ; la densité en est de 1.025, il est riche en matières albuminoïdes, il en contient 8 p. 100, d'après Marcet (1), 9 p. 100 d'après Bostock (2). Dans le tableau dressé par Weber, en tirant les moyennes des chiffres obtenus par divers observateurs, tels que Simon Scherer, Hoppe-Seyler, Lehmann et A. Schmidt, on voit l'hydrocèle tenir le premier rang, comme richesse en parties solides, parmi tous les liquides des hydropisies.

	Eau.	Parties solides.
Sérum	907,06	93,04
Liquide de l'hydrocèle	940,08	59,04
Hydrothorax	945,15	54,85

(1) Med. chir. trans., vol. II, p. 372.
(2) Med. chir. trans., vol. IV, p. 72.

Hydropéricarde.........	965,11	34,89
Ascite..................	962,67	37,33
Anasarque...............	980,97	19,03
Liquide céphalo-spinal...	986,36	13,64

(O'Weber *in* Pitha et Billroth, t. I.)

Ces matières solides se décomposent comme il suit : dans l'analyse de Marcet, les 7/10 étaient de nature organique, principalement de l'albumine, les 3/10 autres des sels. Dans celle de Bostock, on trouve :

Eau........................	91,25
Albumine...................	6,85
Matières non coagulables....	1,10
Sels.......................	0,80
	100,00

En d'autres termes, 8 grammes environ de matière organique, moins d'un gramme de sels. Dans le tableau de Weber, enfin, l'albumine représente les 5/6 de parties solides, et les sels 1/6 seulement.

Dans aucune de ces analyses, on ne trouve signalée la présence de la fibrine ; c'est que la fibrine, rapidement et spontanément coagulable, existe très-rarement dans le liquide de l'hydrocèle ; il en est de même, du reste, dans les épanchements pleurétiques à développement lent et à marche insidieuse, dont cependant on ne saurait contester la nature inflammatoire. Mais, comme dans ces derniers, on y a constaté la présence de la fibrine non coagulable, de la fibrine dissoute de Denis de Commercy. Celle-ci se coagule quelquefois spontanément, mais lentement, et, pour ainsi dire, couche par couche, sous l'influence de l'exposition à l'air. D'autres fois il est nécessaire, pour l'obtenir, de soumettre le liquide à l'action des fibrino-plastiques, des éléments du sang (Buchanan de Glascow) ou des globules sanguins (Al. Schmidt).

Dans certains cas, enfin, la nature irritative ou même inflammatoire du processus ne saurait être mise en doute, à cause de la rapidité avec laquelle se fait l'épanchement, et même des symptômes douloureux plus ou moins marqués qui en marquent le début.

On peut donc admettre, comme début, une vaginalite, une périorchite ou une orchite séreuse ; mais, comme le fait remarquer M. de Saint-Germain, que de degrés maintenant entre la forme inflammatoire subaiguë et la forme essentiellement chronique, quelles différences dans l'aspect clinique de l'affection ! Ces différences ne sauraient toutefois autoriser à nier l'identité de nature de l'affection.

Etant donnée la nature irritative ou inflammatoire de l'hydrocèle primitive ou simple, la seule dont nous ayons à nous occuper, il nous reste maintenant à en rechercher l'étiologie.

La pathologie générale nous apprend que les séreuses sont peu sujettes aux inflammations idiopathiques ; le traumatisme, la diathèse rhumatismale, la goutte, et enfin les lésions des organes qu'elles enveloppent, telles sont les causes sous l'influence desquelles elles s'enflamment dans l'immense majorité des cas.

Or, l'observation a démontré que la tunique vaginale n'est jamais influencée par le rhumatisme ou par la goutte. C'est donc dans les lésions du testicule et dans le traumatisme qu'il faut chercher la cause de l'hydrocèle.

L'hydrocèle symptomatique des affections du testicule et de l'épididyme ne saurait être niée, elle est même fréquente. L'hydrocèle simple est-elle réellement simple ou idiopatique, ou bien ne l'est-elle que d'une manière relative; en d'autres termes, ne dépendrait-elle pas, comme la précédente, de lésions du testicule ou de l'épidyme assez peu considérables, du reste, pour passer inaperçues ou pour ne pas devoir autrement attirer l'attention du chirurgien ?

Il ne sera pas sans intérêt, avant de nous prononcer et d'émettre notre opinion, de passer en revue celles qui ont été émises sur cette question.

John Hunter (1), après avoir dit que les causes de l'hydrocèle sont inconnues, ajoute : « Toutefois, l'hydrocèle de la tunique vaginale naît souvent d'une maladie du testicule; c'est ce que j'ai observé sur plusieurs malades chez lesquels on avait pratiqué l'opération pour la cure radicale. J'ai vu aussi, dans plusieurs cas, qui d'abord n'étaient pas autre chose que de vraies hydrocèles, car le testicule paraissait à peine malade, le testicule augmenter peu à peu de volume avec le temps, c'est-à-dire dans l'espace d'un ou deux ans, et l'eau diminuer à tel point qu'il ne restait presque plus qu'un testicule volumineux et malade, qui, pendant tout ce temps, n'avait causé que peu ou point de douleur. »

J.-L. Petit (2), cité par M. Panas (3), parle de l'induration du testicule comme d'une complication de l'hydrocèle vaginale, qu'il définit « un épanchement liquide dans le périteste » (tunique vaginale); ce qui ne l'empêche pas de dire ailleurs que, « le gonflement préexistant du testicule ne se dissipant pas, il se forme une

(1) Hunter. Œuvres complètes, traduction Richelot. Paris, 1843, t. I, p. 512.

(2) J.-L Petit. Œuvres posthumes, t. II, p. 479. Paris, 1874.

(3) Panas. Mémoire sur les causes et la nature de l'hydrocèle vaginale simple ou idiopathique des auteurs des Archives générales de médecine, janvier 1872.

hydrocèle qui vient peu à peu; ce qu'il a souvent observé. Cette hydrocèle, dans la suite, augmente au point de cacher le testicule, de sorte qu'on ignore en quel état est cette partie. L'expérience m'a appris, ajoute-t-il, que quelquefois il se maintient dans sa dureté, et qu'il augmente même de dureté et de volume, que d'autres fois il reprend presque sa consistance et sa grosseur naturelle, et que d'autres fois il se flétrit, s'affaisse et s'anéantit presque; c'est ce que j'ai observé plusieurs fois, après avoir vidé les eaux par la ponction. »

Pour Percival Pott (1), ce qui caractérise l'hydrocèle vrai, c'est l'état *naturel mou* et *sain* du testicule; mais il ajoute : « Quand je dis l'état *naturel mou* et *sain* du testicule, je n'entends pas avancer que l'état naturel du testicule, celui dont il jouit lorsqu'il n'est affecté d'aucune maladie, ne soit jamais altéré dans une hydrocèle simple. Je sais le contraire, je n'ignore pas que dans l'hydrocèle le volume du testicule est très-souvent augmenté, que sa structure est souvent relâchée, et que les vaisseaux spermatiques sont souvent variqueux; mais je me suis exprimé de cette manière en opposition à l'état d'induration du testicule squirrheux.»

Nous avons déjà signalé plus haut l'opinion d'Astley Cooper, partisan déclaré de l'essentialité de l'hydrocèle. Boyer (2) n'est pas moins catégorique; pour lui, quand l'hydrocèle est simple, l'organisation du testicule n'est point altérée; cependant le volume de l'organe peut changer, il est souvent augmenté, plus rarement diminué. Parlant ensuite des engorgements de l'organe, il

(1) Percival Pott. Trad. franç. Paris, 1777.

(2) Boyer. Traité des maladies chirurgicales, 1e édit. Paris, 1831, t. X, p. 192 et suivantes.

établit entre l'engorgement simple et l'engorgement squirrheux la distinction suivante : « Dans le premier cas, l'épanchement séreux précède l'engorgement du testicule, et cet engorgement se dissipe par les mêmes moyens qui conviennent pour la cure radicale de l'hydrocèle. Dans le second cas, au contraire, le testicule est d'abord affecté, ce qui donne lieu à la congestion d'une certaine quantité de liquide, et produit cet état mixte appelé hydro-sarcocèle. Enfin, à propos des causes qui amènent le défaut de proportion entre l'exhalation et l'absorption, il dit que si l'on a signalé des froissements, des contusions, une tuméfaction inflammatoire légère du testicule, la compression et l'irritation du cordon, comme ayant quelquefois précédé le développement de l'hydrocèle, le plus souvent cette maladie s'est produite sans cause manifeste. » Curling (1) dit, que, dans toutes les hydrocèles volumineuses, les vaisseaux spermatiques sont séparés et déplacés ; la substance glandulaire du testicule est habituellement saine, apte à remplir ses fonctions, et la maladie est rigoureusement limitée à la séreuse d'enveloppe. Toutefois le testicule est un peu modifié dans sa forme et aplati par la compression qu'exerce sur lui le liquide épanché. Cette compression peut même aller jusqu'à produire l'atrophie partielle.

« Dans quelques cas de ce genre, ajoute en note M. Gosselin, j'ai trouvé la substance glandulaire pâle et anémiée, et la sécrétion des spermatozoïdes n'avait pas lieu. »

Pour M. Nélaton, la substance testiculaire est habituellement saine, les altérations ne portent, en général,

(1) Curling. Traité des maladies du testicule, du cordon spermatique et du scrotum, trad. par Gosselin, p. 101. Paris, 1857.

que sur la forme de l'organe, mais l'atrophie peut survenir à la longue; « l'hydrocèle vaginale, ajoute-t-il, se montre sous l'influence des causes les plus variées; toutes les causes d'irritation du scrotum et du cordon peuvent déterminer une hydrocèle; fort souvent cette affection se montre sans cause appréciable. »

M. Humphry (1) dit également que « habituellement, le testicule est sain et conserve son volume normal. Parfois il devient aplati et se trouve étalé par suite de la pression que le liquide y exerce. »

En résumé, si l'on en excepte Hunter, et jusqu'à un certain point, Percival Pott et J.-L. Petit, on voit que les auteurs sont généralement d'accord pour affirmer que le testicule est habituellement sain, et pour donner comme consécutives les altérations de volume et de forme qu'il présente quelquefois dans l'hydrocèle.

Tel était l'état de la question, lorsque M. Panas fit sa communication à la Société de chirurgie, qui fut suivie de la publication, dans les Archives, d'un mémoire sur les causes et la nature de l'hydrocèle (janvier 1872), tendant à établir que, dans la grande majorité des cas, l'hydrocèle prétendue essentielle reconnaît pour *cause une épididymite partielle subaiguë, latente*, ayant pour siége la queue de l'épididyme, et plus rarement une orchite chronique. Sur huit cas, pris au hasard dans son service de l'hôpital Saint-Louis, dans le courant de l'année 1872, l'induration de la queue de l'épididyme a été constante; dans deux cas d'hydrocèle des pays chauds contractée au Caire, le testicule était en même temps augmenté de volume; dans deux autres cas, enfin, l'indu-

(1) Humphry. In Holmes system of Surgery, t. V, p. 83, 5e édition. London 1871.

ration occupait une fois tout l'épididyme et une autre fois tout l'épididyme et le cordon. Passant ensuite à l'étude des causes de cette espèce d'orchite, M. Panas s'exprime ainsi : « En face des réponses négatives des malades atteints d'hydrocèle simple, il n'est pas acile de reconnaître la cause de l'espèce d'orchite dont nous nous occupons ici, et qui, croyons-nous, engendre l'hydrocèle réputée essentielle. Mais, si l'on fait attention que la plupart des malades adultes atteints d'hydrocèle ont dépassé la quarantaine ou même la cinquantaine, et qu'à cet âge les altérations du col de la vessie et de la prostate sont communes (calculs prostatiques, graviers uriques, hypertrophie de la prostate, état variqueux du col, etc.), on est tenté d'attribuer à un travail irritatif sourd de ces parties, qui retentit jusqu'à l'épididyme et au testicule, la cause première de cette orchite. »

Telle n'est pas l'opinion de M. Lannelongue, bien placé à Bicêtre pour observer les hydrocèles qui surviennent dans un âge avancé. Pour lui, cette induration, quand elle existe dans l'hydrocèle simple, est consécutive à l'irritation de la tunique vaginale, et, même dans ce cas, il n'y a pas d'épididymite proprement dite, mais épaississement et induration du tissu cellulaire sous-séreux. On sait, il est vrai, depuis la remarque de Gendrin, que, lorsque ce tissu sous-séreux enflammé pénètre dans l'intérieur d'un organe, il y transmet l'action inflammatoire, et l'on peut admettre que l'épididyme peut se trouver atteint consécutivement; mais, dans tous les cas, ces lésions ne sont que secondaires et assez peu marquées pour que la queue de l'épididyme puisse être considérée, dans les grosses hydrocèles, comme la partie la plus saine de l'organe.

Il nous reste à étudier, pour finir ce chapitre de l'étiologie, l'influence que peuvent avoir les lésions des organes qui sont en rapport immédiat avec la séreuse, les agents d'irritation de la séreuse elle-même, causes qui, à notre avis, occupent le premier rang dans la production de l'hydrocèle. C'est à cette dernière cause, c'est aux contusions, aux froissements répétés que nous paraît devoir être rattachée, dans bon nombre de cas, l'exagération de sécrétion, l'irritation sécrétoire qui produit l'hydrocèle; toutes les circonstances qui tendent à augmenter la congestion des organes peuvent agir comme causes adjuvantes; telles sont la position déclive quelquefois exagérée du testicule, la chaleur, etc. Qu'il suffise, pour démontrer l'influence de cette dernière cause, de signaler la fréquence de l'hydrocèle dans les pays chauds. Ajoutons enfin qu'il existe un grand nombre de ce qu'on pourrait appeler des causes latentes d'hydrocèle; tels sont ces petits hystes de l'épididyme qui, comme dit très-bien M. le professeur Gosselin, « ne fournissent que peu d'applications à la pathologie et intéressent plutôt l'anatomiste que le physiologiste. » Morgagni avait déjà signalé l'ouverture de ces petits kystes dans la tunique vaginale, et il pensait que c'était là une des origines de l'hydrocèle; mais il en exagérait l'importance en croyant qu'ils sécrétaient un liquide qui s'accumulait dans la cavité vaginale. M. Gosselin n'accepte pas l'explication de Morgagni en entier; mais il croit possible l'hydrocèle comme conséquence de la rupture d'un de ces petits hystes.

Dans ces mêmes kystes, il a rencontré plusieurs fois

(1) Recherches sur les kystes de l'épididyme, du testicule et de l'appendice vésiculaire. Archives générales de médecine, 1848, p. 24 et 136.

de petites concrétions dures et très-fines mélangées au liquide; or, ces concrétions, si elles tombent dans la tunique vaginale, « me paraissent, dit-il, devoir être une cause nouvelle et plus grande d'irritation. »

On trouve aussi des corps libres de la tunique vaginale et, chez les vieillards, de petites tumeurs fibreuses.

A tous ces agents d'irritation s'ajoutent des conditions spéciales aux épanchements de la tunique vaginale. Ainsi, l'épanchement dans la séreuse vaginale est un de ceux qui ont le moins de tendance à se résorber; il peut rester stationnaire, rarement il rétrograde, le plus souvent il augmente.

Cette persistance de l'hydrocèle tient à des causes complexes, parmi lesquelles les suivantes méritent surtout d'être mentionnées.

Le liquide épanché dans la vaginale exerce sur les parois qui le contiennent une pression beaucoup plus considérable que celle exercée par les autres épanchements séreux. En effet, par le fait de la situation du testicule et de ses enveloppes, qui sont comme appendues, on peut affirmer que l'épanchement pèse de tout son poids sur les parois qui le contiennent; celles-ci ne sont pas soutenues, elles ne reposent sur aucun plan qui résiste à la pression en la diminuant, conditions qu'on ne trouve dans aucun autre épanchement.

La tumeur jouit aussi d'une grande mobilité, ce qui favorise le frottement entre les parois et le liquide, condition défavorable peut-être à l'absorption.

Il faut noter encore la congestion des vaisseaux spermatiques.

Après toutes ces considérations, nous pouvons nous expliquer comment une hydrocèle volumineuse peut se développer sous l'action d'une cause au premier abord insignifiante. Un petit kyste de l'épididyme, une induration, une transformation quelconque du tissu cellulaire faisant saillie dans la cavité vaginale, agira comme un corps étranger, comme une épine, grâce surtout aux frottements que la mobilité dont jouit le testicule déterminera entre le produit morbide et la vaginale. De là un épanchement de cause irritative, et comme le liquide épanché n'a aucune tendance à la résorption, qu'au contraire, il tend à devenir chaque jour plus considérable, nous pouvons comprendre comment il peut se former une grosse hydrocèle sous l'influence d'une cause déterminante en apparence minime. M. Lannelongue nous a fait voir souvent, à Bicêtre, de ces hydrocèles, qu'on aurait prises pour des hydrocèles idiopathiques, et dans lesquelles, en y regardant attentivement, on rencontrait sur l'épididyme un de ces petits kystes si bien décrits par M. Gosselin. Les recherches de M. Duplay viennent encore à l'appui de cette opinion sur l'étiologie de l'hydrocèle, chez les vieillards surtout : « En effet, dit-il, dans tous les cas d'hydrocèle, à l'exception d'un seul, j'ai rencontré soit des lésions de la tunique vaginale, soit des lésions d'une autre nature ; plusieurs fois des plaques cartilagineuses développées dans l'épaisseur de la tunique albuginée, ce qui donnait un aspect rugueux et inégal à la surface du testicule. La coïncidence de l'hydrocèle avec les kystes de l'épididyme était assez fréquente ; j'ai pu la constater six fois ; ces kystes variaient, quant à leur volume, depuis celui d'un grain de chènevis jusqu'à celui d'une aveline ; presque toujours ils étaient au nombre de deux ou trois.

« Ces diverses lésions de la tunique vaginale que nous venons de signaler, la fréquence des kystes, ces corps étrangers cartilagineux ou osseux, soit pédiculés, soit libres, nous paraissent de nature à expliquer la fréquence si grande de l'hydrocèle chez les vieillards ; la présence de ces corps cartilagineux qui se meuvent entre les deux feuillets de la tunique vaginale, dans les diverses attitudes du corps, nous paraissent bien propres à déterminer l'irritation de cette membrane, et par suite l'hypersécrétion du liquide séreux qui la lubréfie.

III.

ANATOMIE ET PHYSIOLOGIE PATHOLOGIQUES.

Nous ne pouvons séparer l'anatomie de la physiologie pathologique de l'hydrocèle, tellement les deux parties de cette étude se rattachent l'une à l'autre. Les altérations les plus importantes de l'épididyme ne sont, comme nous le verrons, que la conséquence du développement de la tumeur. C'est pour cette raison que nous devons étudier, dans un même chapitre, et les lésions qu'on observe et comment elles se produisent.

Nous passerons successivement en revue : 1° l'état de la séreuse, 2° le liquide épanché, 3° l'épididyme, le testicule et les altérations de sécrétion de l'organe.

Séreuse. — La distension de la tunique vaginale dans les hydrocèles volumineuses est quelquefois énorme ; la cavité, qui, à l'état normal, n'existait qu'à l'état virtuel, peut être augmentée au point de contenir de 500 grammes à plusieurs litres de liquide. On devrait donc s'attendre à la trouver considérablement amincie ; il n'en est cependant pas toujours ainsi, parce que le même travail irritatif qui a présidé à l'exagération de la sécrétion, a agi sur la trame même de la séreuse, et, sous l'influence de cette irritation, celle-ci s'est épaissie ainsi que le tissu cellulaire sous-séreux.

Cette espèce de sclérose peut être diffuse; elle occupe alors toute l'étendue de la vaginale qu'elle transforme en une coque parcheminée; d'autrefois elle se présente sous forme de plaques plus ou moins étendues, comme crétifiées. Curling appelle aussi l'attention sur cette consistance cartilagineuse. A côté de cet épaississement interstitiel, il faut placer l'épaississement par couches stratifiées qui résulte du dépôt de fausses membranes qui s'organisent sur les faces épithéliales de la séreuse. Ces néo-membranes, tantôt lisses, tantôt rugueuses, aréolaires, peuvent avoir préexisté à l'hydrocèle; l'hydropisie, dans ce cas, n'est que le reliquat d'une vaginalite, comme dans notre observation 2; mais, le plus souvent, comme l'a démontré M. le professeur Gosselin, elles reconnaissent pour cause l'inflammation de la séreuse déjà envahie par l'épanchement. Cette inflammation est souvent assez modérée pour passer presque inaperçue; tout se borne à une gêne plus prononcée que celle qui a lieu habituellement, et parfois à quelques douleurs, sans qu'il y ait pour cela ni fièvre ni obligation de garder le lit. Mais, d'autrefois, la vaginalite est franchement aiguë et se manifeste par de la douleur, une augmentation rapide de volume et l'impossibilité de marcher et de se tenir debout.

Quelle qu'ait été l'intensité du processus inflammatoire, les fausses membranes qui en sont le résultat peuvent devenir la cause d'accidents sérieux; celles qui ta-

(1) Virchow. Pathologie des tumeurs.

pissent le feuillet viscéral déterminent, en se rétractant, la compression du testicule et peut-être l'atrophie consécutive de l'organe ; celles qui siégent sur l'épididyme ont une influence manifeste sur la sécrétion spermatique, elles peuvent occasionner l'oblitération de l'épididyme, et celui-ci peut même subir des altérations dans sa structure. L'on sait, en outre, que c'est à la rupture des vaisseaux de nouvelle formation, situés dans l'épaisseur des fausses membranes, qu'il faut rattacher la transformation de l'hydrocèle en hématocèle.

2° *Liquide épanché.* — Nous empruntons aux leçons sur les humeurs de M. le professeur Robin les notions suivantes sur les caractères et la composition du liquide de l'hydrocèle.

Cette sérosité est d'une teinte jaunâtre pâle, citrine, transparente, fluide, mobile, sans viscosité. Elle peut aussi être colorée en rose ou même en rouge, et même en brun chocolat, par des globules du sang épanché ; ceux-ci, en tombant au fond du vase après quelques heures de repos, laissent à la sérosité qui surnage l'aspect que je viens d'indiquer. On n'a pas noté qu'elle fût spontanément coagulable, comme l'est quelquefois la sérosité de l'ascite. Parfois elle est un peu filante, sirupeuse, ou même visqueuse, et alors elle peut être trouble, et soit d'un jaune verdâtre, soit presque verte ou tout à fait verte (Velpeau) ; elle est inodore ou d'odeur fade très-faible. Souvent ce liquide contient des paillettes formées par des amas de cristaux de cholestérine qui lui donnent un aspect micacé, et flottent dans sa masse, puis se rassemblent à sa surface avec quelques gouttelettes d'huile. Il n'est pas très-rare de voir ces paillettes assez abondantes pour rendre le liquide très-trouble, analogue à un bouillon épais. C'est dans un cas de ce genre que Simon en a retiré 8,40 avec des traces de graisse proprement dite. A la longue, par le repos, les paillettes de cholestérine se portent vers la partie supérieure du liquide parce qu'elles sont moins denses que lui et forment une couche plus ou moins épaisse. Ces paillettes ne sont pas des cristaux isolés : ce sont des accumulations de cristaux imbriqués les uns sur les autres et auxquels adhèrent presque toujours une ou plusieurs bulles de gaz empruntées à l'air lors de l'issue de la sérosité.

SÉROSITÉS DE L'HYDROCÈLE EN GÉNÉRAL.

Principes de la première classe.

Eau	934,00 à 860,00
Chlorures de sodium et potassium	5,00 à 7,00
Carbonate de soude Sulfate de soude et de chaux Phosphates de soude et de chaux	2,00 à 4,00

Principes de la deuxième classe.

Lactates ? Succinates et urates alcalins Principes cristallins d'origine organique	1,00 à 3,00
Cholestérine parfois nulle ou	traces à 8,40
Seroline	traces.
Corps gras, margarine, oléine	traces à 1,60
Urée parfois nulle ou traces	non dosée.

Principes de la troisième classe.

Albumine (serine) Hydropisine (métal bumine)	48,00 à 60,00
Biliverdine en cas d'ictère	non dosée

3° *Épididyme.* — Jusqu'à la communication faite récemment par M. Lannelongue à la Société de chirurgie (1873), la situation et les altérations de l'épididyme dans les grosses hydrocèles était passée presque inaperçue. Quant à l'étude du mécanisme de formation, les auteurs n'y insistent pas. Panas avait signalé l'induration de l'épididyme comme un phénomène constant dans les hydrocèles, mais nous avons déjà vu que ce chirurgien ne s'était occupé de cette altération qu'au point de vue étiologique.

Les altérations sur lesquelles M. Lannelongue a appelé l'attention, sont le résultat de la distension exagérée de la séreuse vaginale dans les points qui correspondent surtout à la partie supérieure et externe. Nous allons donc étudier cette distension avec les altérations anatomiques qu'elle entraîne, et, pour faire une description complète, nous commencerons par le mécanisme de la formation de l'hydrocèle.

Que l'hydrocèle soit plus ou moins volumineuse, qu'elle soit idiopathique ou symptomatique, le mode suivant lequel elle se développe est toujours le même, c'est par la distension du sac vaginal; seulement il faut, pour la compréhension de quelques phénomènes tels que la situation du testicule, les altérations de diverses parties, savoir comment se fait cet agrandissement du sac, quelles sont les diverses parties de ses parois qui y concourent.

La capacité de distension de la séreuse dépend du degré de laxité du tissu cellulaire qui la double; nous savons déjà que, sous la portion testiculaire du feuillet viscéral, ce tissu n'existe, pour ainsi dire, pas, que l'albuginée fait corps avec la séreuse; que, dans tout le reste de son étendue, portion épididymaire, repli et portion pariétale, le tissu cellulaire sous-séreux offre des degrés différents de résistance et de densité; et que, sous ce rapport, on pourrait les ranger dans l'ordre suivant : feuillet pariétal, cul-de-sac externe, repli épididymo-testiculaire, et portion épididymaire. Quant au cul-de-sac interne, il ne se prête que très-peu à la distension; à son niveau, le tissu cellulaire est très-serré et très-dense.

Ces conditions anatomiques étant données, du moment qu'il se fera un épanchement dans la cavité vaginale, il commencera par s'accumuler en bas et en dehors, et ce sera de bas en haut que le feuillet pariétal se distendra. Du côté externe, la tunique vaginale a une étendue plus grande que du côté interne du testicule. Le cul-de-sac externe est situé au-dessus de l'épididyme. Le feuillet pariétal se distend jusqu'à son niveau ; d'où il suit que la tumeur se développe, non-seulement plus en dehors qu'en dedans, mais encore plus en dehors et en haut, qu'en dedans et en bas, de telle sorte que le testicule est situé non-seulement à la paroi interne du sac, mais, par suite de l'accroissement de l'hydrocèle en haut, à un point relativement bas de cette paroi interne, ordinairement à la partie moyenne.

Le bord postéro-supérieur du testicule n'étant pas enveloppé par le sac de la vaginale, et le bord opposé l'étant dans toute son étendue, on comprend parfaitement que l'épanchement se fera en avant du testicule et que cet organe restera situé non-seulement en dedans et plus ou moins en bas, comme nous l'avons démontré, mais aussi en arrière. Ainsi, on comprend parfaitement, en étudiant le mécanisme de la formation de l'hydrocèle, pourquoi le testicule est situé, dans l'immense majorité des cas, en dedans, en arrière et plus ou moins en bas, suivant la part que le cul-de-sac supérieur externe prend à la formation de la tumeur. Il faut remarquer, en outre, que, comme le feuillet testiculaire de la séreuse ne se prête à aucune distension, ses rapports avec le testicule ne changent pas; cet organe, coiffé dans les trois quarts de son étendue par le feuillet viscéral, fait saillie dans la cavité de l'hydrocèle. Il en serait autrement, si les conditions anatomiques ne s'y opposaient pas. Supposons un instant qu'entre l'albuginée et la séreuse existât un tissu cellulaire extensible, nous verrions, à mesure que l'épanchement deviendrait considérable, la séreuse viscérale s'éloigner de plus en plus du testicule ; celui-ci serait, pour

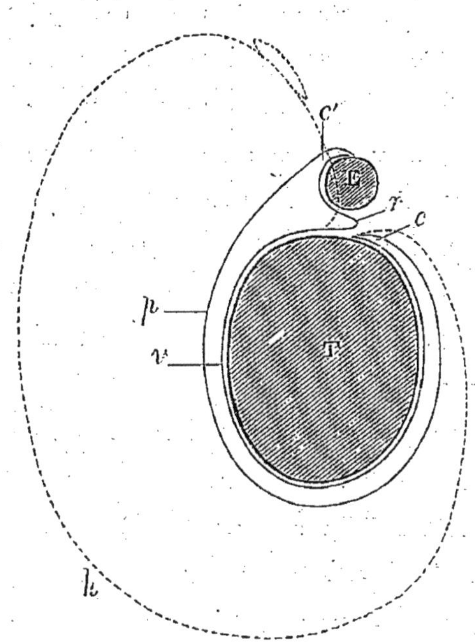

Fig. 1. — *T* testicule, *E* épididyme, *v* feuillet viscéral de la veine, *p* feuillet pariétal, *c* cul-de-sac interne, *c'* cul-de-sac externe, *r* repli épididymo-testiculaire.

ainsi dire, refoulé à l'extérieur, décoiffé, et finirait par ne plus faire saillie dans la poche de l'hydrocèle.

Quand la distension du feuillet pariétal de la séreuse ne suffit plus pour contenir le liquide épanché dans sa cavité, c'est une partie de la séreuse viscérale qui se prête à la distension et à l'agrandissement de la cavité de l'hydrocèle. La portion qui tapisse la partie externe de l'épididyme et celle qui, en se repliant sur elle-même, forme le cul-de-sac épididymo-testiculaire, se trouvent distendues à leur tour.

L'intervention de cette partie du feuillet viscéral dans l'agrandissement de la cavité, ne peut se faire sans causer des changements dans les rapports normaux de l'épididyme et du testicule, et sans entraîner aussi des altérations importantes dans la structure du premier de ces organes. Ce sont ces altérations surtout que M. Lannelongue a décrites pour la première fois dans sa *Communication à la Société de chirurgie* (juillet 1873).

Comme nous l'avons déjà indiqué, l'épididyme, par son côté externe, fait saillie dans la cavité vaginale, et, entre lui et le bord supérieur du testicule, à la partie moyenne de son corps, on trouve une cavité qui n'est autre que celle formée par le repli épididymaire.

Le tissu cellulaire qui unit le feuillet viscéral à l'épididyme n'est pas si dense ni si serré qu'il ne cède, dans certains cas, à la distension, et ne permette la séparation entre l'épididyme et la séreuse qui l'enveloppe, de sorte qu'au lieu d'être en rapport avec elle par les deux tiers, l'épididyme ne l'est plus que par un tiers ou par son bord externe.

Cependant, dans les grosses hydrocèles, c'est surtout le repli épididymaire (voir le schéma, fig. 1), qui joue un rôle important dans le déplacement et les altérations de l'épididyme. La membrane séreuse, qui constitue ce repli, peut se distendre et former un sac (hydrocèle partielle, si l'on veut), à fond dirigé vers le côté interne, et dont l'ouverture est située sur la face externe entre le bord supérieur du testicule et le corps de l'épididyme. Cette disposition, décrite par Curling, qui en a observé un cas dont la pièce, conservée au musée Hunter, à Londres, est figurée dans son ouvrage qui est très-rare; il est plus fréquent, dans les hydrocèles volumineuses, de voir ce repli ou cul-de-sac, au lieu de se prononcer ou de s'agrandir, disparaître par simple déplissement; mais, pour qu'il disparaisse, il faut que la séreuse qui le constitue cesse de couvrir la face inférieure de l'épididyme. Celui-ci n'adhère donc plus à la séreuse que par son bord externe.

La conséquence de ce fait est facile à prévoir : c'est, comme on peut le constater, que l'épididyme ne fait plus saillie dans la cavité de l'hydrocèle; il est adhérent à la face externe de la paroi, mais il ne proémine plus à l'intérieur du sac. On voit donc la différence qui existe sous ce rapport entre le testicule et l'épididyme : le premier reste toujours et constamment dans les mêmes rapports avec la séreuse viscérale, et consécutivement il fait relief dans l'intérieur de la tumeur de l'hydrocèle, tandis que le second se trouve successivement délogé et refoulé.

Une autre conséquence de la disparition de ce repli, c'est que, l'épididyme adhérant encore à la séreuse par son bord externe, sera entraîné dans le tiraillement qu'elle éprouve et écarté du dos du testicule à une distance double ou triple; et, comme cet organe est fixé par ses deux extrémités, tête et queue, au bord supérieur de la glande, il ne peut s'écarter d'elle sans s'allonger, et par conséquent il se déroule, comme le montre la fig. 3.

Cet écartement ou déplacement de l'épididyme avait

déjà été signalé ; Curling, dans son Traité des maladies du testicule, en parle en ces termes : « Lorsque l'hydrocèle est volumineuse, l'épididyme est habituellement allongé et déplacé, et sa partie moyenne s'est éloignée du testicule. En pareil cas, on ne trouve pas la poche accessoire dont il a été question tout à l'heure » (1). Mais c'est M. Lannelongue qui a appelé particulièrement l'attention sur ces altérations, et en a expliqué le mécanisme.

On trouve parfois, quand les altérations restent limitées, comme celles que je viens de décrire, et qu'on pourrait appeler un premier degré, on trouve, dis-je, à l'union de la tête qui conserve ses rapports avec le corps qui a été déplacé, une espèce d'étranglement, sans doute parce que c'est surtout à ce niveau que l'épididyme s'allonge.

L'hydrocèle continuant à augmenter, ce n'est pas seulement au niveau du corps que l'épididyme présente des altérations, la tête éprouve aussi des modifications importantes.

La tête de l'épididyme est, comme on sait, unie au testicule par le feuillet viscéral de la séreuse qui passe de l'un à l'autre, sans s'insinuer entre eux autrement que pour former un sillon de démarcation ; à ce niveau se trouvent les vaisseaux efférents ou cônes séminifères, au nombre de dix ou douze. Or, par l'agrandissement du cul-de-sac externe, cette partie de la séreuse qui enveloppe la tête de l'épididyme est aussi tiraillée et distendue, amincie parfois ; il en résulte que la tête de l'épididyme s'écarte du corps d'Hygmore ; par suite de cet écartement, les cônes séminifères se trouvent, à leur

(1) Maladies du testicule, trad. Gosselin, p. 100.

tour, tiraillés, allongés et déroulés, comme on peut le voir dans les figures 2 et 3. Mais si M. Lannelongue a été le premier à décrire cette disposition des vaisseaux efférents dans les grosses hydrocèles, nous devons constater que M. Gosselin l'avait déjà signalée à propos de gros kystes qui se développent entre la tête de l'épididyme et le testicule, et écartent mécaniquement ces deux organes, nouvelle preuve à l'appui de l'opinion de M. Lannelongue, pour qui cette altération n'est que le résultat mécanique de la distension. Les observations suivantes et les figures 2 et 3 feront mieux comprendre ce que nous venons de dire.

Observation I (communiquée par M. Lannelongue). — Autopsie du nommé Hodin (Pierre), âgé de 71 ans, faite le 8 juillet 1873. Hydrocèle du côté gauche du volume du poing et demi, contenant de 300 à 500 grammes de liquide, forme de poire ; prolongement du côté externe du cordon, ce qui indique une distension plus grande du cul-de-sac supérieur externe. L'épididyme a les rapports suivants avec le testicule : l'épididyme adhère, par sa queue, au bord supérieur du testicule, il s'en sépare par son corps sans cependant que leur distance soit très-considérable.

Quand à la tête, elle se perd sous le cul-de-sac, et il est impossible de retrouver ses rapports.

L'épididyme est fortement appliqué sur la poche, ses lobules sont très-aplatis ou comprimés par l'enveloppe fibreuse qui les bride.

Vésicule séminale gauche : les parois sont hypertrophiées ; les cavités de cette vésicule ne contiennent pas de spermatozoïdes ; on y trouve des leucocytes, des cellules épithéliales, des granulations, mais pas un seul spermatozoïde.

Observation II. — Hydrocèle avec particularités. Distension de l'épididyme, son allongement; pas de spermatozoïdes de ce côté; mort par perforation intestinale; calculs de la vessie. Testicule droit : épanchement assez considérable dans la tunique vaginale; sérosité citrine. La tunique vaginale ouverte, on remarque à sa surface, sur le feuillet pariétal, un état aréolaire dû à des dépôts fibrineux; à sa surface viscérale, il y a une couche épaisse de fausses membranes qui occupent tout le bord antérieur du testicule, depuis la tête jusqu'à la queue de l'épididyme, qui font adhérer le feuillet pariétal au feuillet viscéral, et qui divisent la cavité en deux compartiments : l'un externe, en rapport avec la face externe du testicule, considérable qui renferme l'épanchement proprement dit, lequel s'étend surtout en haut, où il produit des phénomènes particuliers du côté de l'épididyme. Allongement considérable de l'organe, qui mesure 8 centimètres; en même temps que l'épididyme s'est allongé, les cônes séminifères sont allongés aussi; la disance qui sépare leur point d'émergence du testicule du point où ils arrivent à l'épididyme est de 3 centimètres; ils sont séparés les uns des autres, et leur insertion sur l'épididyme se fait sur une étendue de près de 3 centimètres.

Les fausses membranes étaient très épaisses, surtout au niveau du bord antérieur de l'organe; là, en effet, elles sont stratifiées en feuillets durs; on en trouve aussi au niveau correspondant à la tête de l'épididyme, au niveau de la queue. Ces fausses membranes unissent intimement la queue au testicule ; cette queue est parfaitement saine ainsi que le canal déférent, et l'épaississement que l'on perçoit à ce niveau tient à la présence des fausses membranes et à l'épaississement du tissu sous-séreux.

A la coupe, le testicule paraît sain ; état à peu près normal de l'albuginée ; la pulpe séminale ne lui adhère pas plus qu'elle ne doit le faire ; cette pulpe est molle, les cloisons ne sont pas épaissies.

Il avait reçu, il y a quarante ans, un coup de pied violent sur le testicule droit, à la suite duquel il avait toujours senti une induration de cet organe. Testicule gauche sain ; la vésicule séminale gauche contient des spermatozoïdes, la vésicule séminale du côté droit n'en possède pas ; on n'en trouve pas non plus ni à la tête ni à la queue de l'épididyme droit, on ne trouve qu'un état finement granuleux, comparable au mode de destruction des spermatozoïdes.

Comme on le voit par les deux observations qui précèdent, ce n'est pas seulement un écartement entre la tête de l'épididyme et le testicule qu'on observe, on observe aussi d'autres modifications importantes. On ne trouve plus la tête de l'épididyme, si par ce mot de tête, on doit entendre l'extrémité antérieure de l'épididyme, arrondie, saillante, facile à sentir par le toucher ; la tête, en s'écartant de l'organe, s'est aplatie à tel point qu'on ne trouve à sa place que les éléments qui la composent ; et les cônes séminifères qui s'y rendent sont disséminés, étalés sur une large surface de 2 à 3 centimètres ; il peut arriver même que la tête se perde dans l'épaisseur de l'enveloppe de l'hydrocèle.

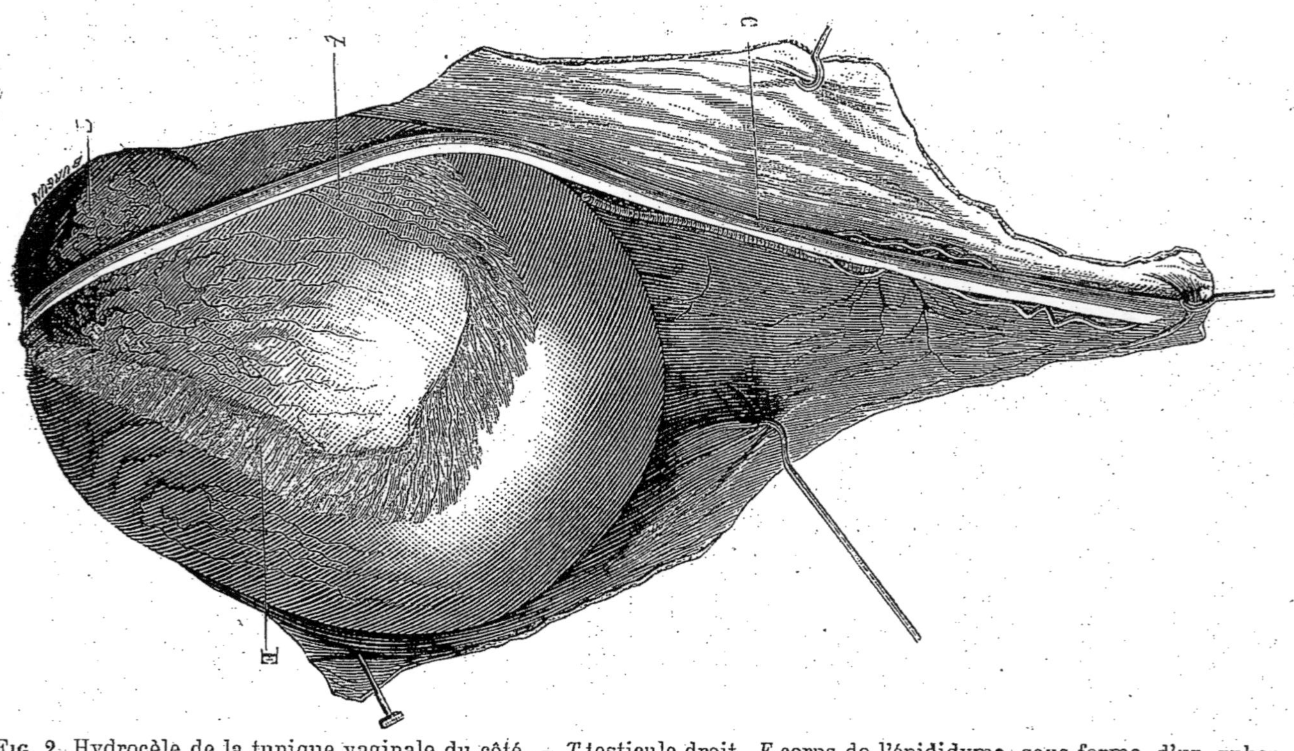

FIG. 2. Hydrocèle de la tunique vaginale du côté. — *T* testicule droit, *E* corps de l'épididyme sous forme d'un ruban finement étalé sur le feuillet sous-séreux, *t* tête de l'épidyme de laquelle partent des tractus qui sont les cônes séminifères allongés, *C* canal différent. (Voir obs. III.)

Dans ces observations, l'épididyme est resté sans aucun changement de texture ; on sentait, il est vrai, à son niveau, un épaississement, qu'on aurait pu prendre pour l'épididymite décrite par M. Panas, et dont nous avons parlé.

Dans l'observation 2, malgré la présence de fausses membranes, malgré une durée de quarante ans, le testicule était sain ; il ne présentait ni décoloration de la pulpe séminale, ni épaississement des cloisons fibreuses.

Si nous prétendions classer ces altérations de l'épididyme, nous pourrions dire qu'à un second degré, les phénomènes ou modifications qu'on constate sont : écartement de la tête avec aplatissement, élongation des cônes séminifères, qui s'étalent et finissent par se perdre avant d'arriver au testicule.

Quant à l'altération qui a été observée dans le liquide séminal, nous l'étudierons à part.

Ces modifications, que nous venons de constater du côté de la tête de l'épididyme, peuvent aussi être observées sur le corps de cet organe ; c'est pour ainsi dire le degré extrême de l'altération qui, parfois, est si prononcée, qu'on se demande où est l'épididyme. Dans ce cas, cet organe est profondément modifié, refoulé en dehors, étalé sur la face externe de la celluleuse et aplati comme un ruban ou une très-mince feuille ; on ne le distingue que par les tractus qui sont encore perceptibles. A mesure que l'épididyme est refoulé en dehors, l'étalement sur la surface externe de la celluleuse se fait de telle sorte, qu'en vertu de l'aplatissement, les faces deviennent bords et les bords sont convertis en faces ; ainsi, il présente une face externe, une face interne, un bord supérieur et un bord inférieur, comme on peut le voir dans la figure 2.

OBSERVATON III (communiquée par M. Lannelongue). — Autopsie du nommé Lafer, âgé de 71 ans, faite le 23 janvier 1873.

Hydrocèle assez volumineuse, piriforme du volume de deux poings.

Côté droit : le testicule occupe la partie moyenne de la face postérieure de la tumeur, et le canal déférent suit cette face pour se porter vers l'anneau inguinal.

La tumeur s'est formée aux dépens du cul-de-sac externe, qui remonte le long du cordon ; on a même trouvé, au niveau du cul-de-sac, une petite ouverture, peut-être artificielle.

La poche ouverte après l'expérience, qui montre la coagulation de l'albumine du liquide à l'aide de l'injection d'une solution de tannin au 20me, on constate que le testicule libre par les trois quarts de sa surface occupe la paroi interne de la tumeur, à l'union du tiers inférieur avec les deux tiers supérieurs, et qu'il est retenu en ce point par une adhérence qui correspond au niveau de la queue de l'épididyme, et une autre à la partie moyenne de ce corps, et qui correspond au cul-de-sac interne ; celle-ci est solide et assez résistante.

Au toucher, en remettant le testicule dans la poche, il semble exister des indurations sur l'épididyme, tant au niveau de la tête que de la queue, mais il faut bien regarder les apparences et faire la part du tissu sous-séreux.

Côté gauche. De ce côté, hydrocèle très-volumineuse, conservée intacte (représenté fig. 3). La poche de l'hydrocèle séparée est examinée par transparence ; on aperçoit le testicule à la partie postérieure, inférieure et interne

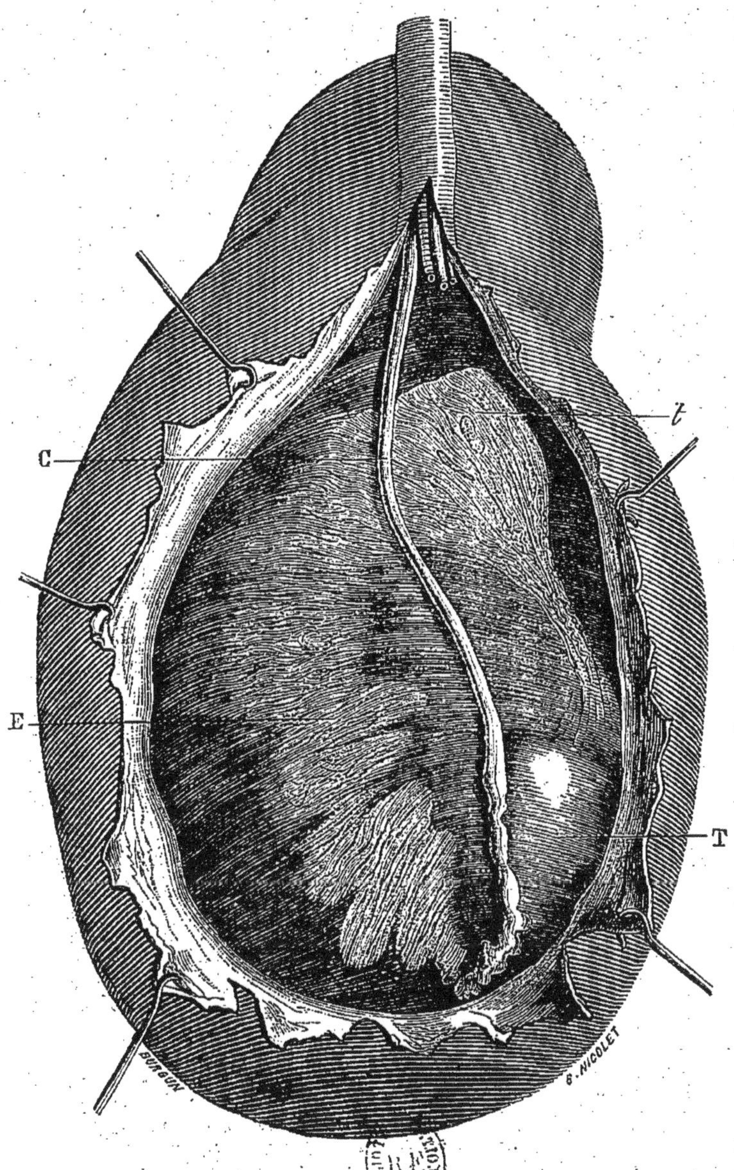

Fig. 3. Hydrocèle de la tunique vaginale du côté. — *T* testicule gauche, *E* corps de l'épididyme sous forme d'un ruban finement étalé sur le feuillet sous-séreux, *t* tête de l'épididyme de laquelle partent des tractus qui sont les cônes séminifères allongés, *C* canal différent. (Voir obs. III.)

de la tumeur ; au côté gauche de ce corps très-opaque, on voit une bandelette qui fait ombre sur les parties environnantes parfaitement transparentes. M. Lannelongue affirme que c'est l'épididyme, et, par la dissection, découvre en effet, sans qu'il s'écoule une goutte de liquide, l'épididyme contenu dans l'épaisseur même de la paroi. Voici comment les divers organes se présentent : le testicule est fixé par son bord supérieur à la partie inférieure de la séreuse, et sur le côté, à son extrémité inférieure, est attachée la queue de l'épididyme ; le corps est complètement étalé, ce n'est plus qu'un ruban décrivant des flexuosités à courte courbure ; il monte en formant un demi-cercle autour du testicule, et en laissant entre cet organe et lui un espace ovalaire considérable à grosse extrémité tournée en haut.

De la tête de l'épididyme, étalée en un large quadrilatère, partent des petits conduits très-sinueux qui se rendent, en se réunissant, vers l'extrémité supérieure du testicule ; ce sont les cônes distendus qui ont acquis une longueur de 5 à 6 centimètres.

Le canal déférent monte directement, passe au devant de la tête de l'épididyme et rejoint les autres éléments du cordon.

On n'a pas trouvé de spermatozoïdes dans les vésicules séminales.

Les altérations de l'épididyme qui viennent d'être décrites dans l'observation qui précède ne sont qu'un degré plus prononcé ; elles ne sont que le dernier terme de la série de phénomènes qui se passent du côté de l'épididyme ; dans les grosses hydrocèles, c'est une série d'altérations qui se succèdent toujours dans le même ordre et par le même mécanisme : distension considérable des parois de l'hydrocèle par la pression excentrique que le liquide contenu y exerce. Il est déjà facile de prévoir que de telles modifications dans la manière d'être de l'organe doivent entraîner des troubles dans les fonctions.

Jusqu'à présent nous n'avons étudié que les phénomènes qui se passent du côté du corps et du côté de la tête de l'épididyme. Il nous faut maintenant parler de la queue de cet organe. La queue de l'épididyme reste toujours en place ; elle est si fortement adhérente, la séreuse à ce niveau offre une résistance si considérable, que, même au milieu des altérations les plus profondes du corps et de la tête, elle a été trouvée normale. C'est la seule portion qui résiste, et c'est par elle seule que souvent, comme on peut le voir dans nos observations, l'épididyme est en rapport avec le testicule ; n'était cette résistance, on trouverait l'épididyme tout entier écarté du testicule, étalé à la surface externe de la séreuse vaginale.

Nous ne reviendrons sur l'épididymite décrite par M. Panas que pour insister sur ce que nous avons dit précédemment ; que si, en effet, dans les hydrocèles on sent par le toucher un épaississement et une induration au niveau de la queue, cette sensation tient à l'existence de fausses membranes ou à l'épaississement du tissu cellulaire sous-séreux, comme il résulte des observations que nous avons rapportées.

Pour terminer cette étude des altérations de l'épididyme, nous devons faire remarquer qu'il ne faut pas s'attendre à les trouver dans toutes les grosses hydrocèles, que ce sont des altérations qui sont sous la dependance de deux conditions essentielles, la distension extrême de la séreuse et le degré de résistance que celle-ci présénte. Ainsi on peut ne pas les rencontrer dans des hydrocèles très-volumineuses, par la raison bien simple qu'il y a eu des résistances qui n'ont pu être forcées, malgré la quantité de liquide épanché; la poche s'est formée dans ce ce cas par distension du feuillet pariétal seulement.

Nous avons déjà étudié, en décrivant le mécanisme de la formation de l'hydrocèle, la situation du testicule; nous savons que, coiffé dans les trois quarts de son étendue par le feuillet viscéral de la vaginale dont il ne se sépare pas, le testicule fait toujours saillie dans la cavité de l'hydrocèle et qu'il est situé dans un point fixe de la paroi qui se trouve en arrière, en dedans et un peu en bas. Nous savons en outre que, sur la séreuse qui le tapisse, peuvent se former des fausses membranes; il s'agit maintenant d'étudier l'état du parenchyme testiculaire lui-même.

Nous avons déjà eu l'occasion, à propos de la pathogénie, d'énumérer longuement les diverses opinions émises par les auteurs de la fin du siècle dernier et de ce siècle sur l'état du testicule; nous avons vu que l'engorgement, l'augmentation de volume ont été souvent signalés comme accompagnant l'hydrocèle de la tunique vaginale. D'un autre côté, on a signalé l'atrophie comme conséquence probable ou possible de la compression exercée par l'épanchement. M. Gosselin a observé dans quelques cas l'anémie et l'atrophie de cet organe. C'est sur ce dernier point surtout que les opinions diffèrent, de même que les faits qu'on a observés. Rien de plus rationnel à première vue que cette anémie du testicule, d'un organe parenchymateux enveloppé par un épanchement de sérosité qui le comprime; la circulation doit être diminuée; ce fait ne semble admettre aucun doute, et cependant rien de plus variable que l'état de la circulation du testicule; non-seulement dans les hydrocèles peu volumineuses on a trouvé le testicule sain, mais même dans les grosses hydrocèles datant depuis longtemps, on n'a pas trouvé cette anémie à laquelle on pouvait s'attendre. Ainsi dans l'observation II, hydrocèle volumineuse qui existait depuis quarante ans, on trouva à l'examen macroscopique du testicule que la pulpe de cet organe avait la coloration normale, qu'il n'était pas atrophié, que les cloisons celluleuses n'étaient pas épaissies ; le testicule était complètement sain.

Déjà M. Duplay père avait insisté sur l'intégrité du tissu propre du testicule qu'il avait observé chez les vieillards. « Il était de la plus haute importance, dit-il, de constater les dérangements qui auraient pu s'opérer dans les parties chargées de l'élaboration et de la sécrétion du fluide générateur. J'ai donc examiné le tissu du testicule à l'œil nu, aidé de la loupe, souvent même du microscope, et, de toutes les parties qui composent l'appareil spermatique, c'est elle qui m'a offert le moins d'altérations et de changements. Sur 58 vieillards dont les testicules ont été examinés avec le plus grand soin, je n'ai trouvé que 4 fois des changements très-légers dans l'aspect du tissu testiculaire; chez les 54, *je crois qu'il aurait été impossible d'établir une différence entre ce tissu et celui du testicule pris sur des adultes.* » Il est vrai que cette remarque ne s'applique spécialement ni à l'hydrocèle ni à une autre maladie de l'appareil spermatique; cependant il me semble que quand il s'agit de l'anémie du testicule, il faut tenir compte de ce que, même chez les vieillards, cet organe présente une intégrité parfaite.

M. Lannelongue (*communication orale*) pense que l'anémie testiculaire est rare dans l'hydrocèle de la tunique vaginale ; il fait remarquer, en outre, qu'il est très-difficile, dans un parenchyme comme le testicule, de décider par la coloration qu'il présente à l'examen macroscopique si, pendant la vie, cet organe était ou non anémié.

ALTÉRATIONS DE LA SÉCRÉTION ET DE L'EXCRÉTION DU SPERME DANS L'HYDROCÈLE DE LA TUNIQUE VAGINALE.

Les altérations du sperme dans l'hydrocèle n'avaient été l'objet d'aucun travail important jusqu'à ce que M. Duplay père publia le résultat de ses recherches sur le sperme des vieillards. On avait cru longtemps, et c'était une opinion courante, que, chez les vieillards, le testicule était frappé d'arrêt dans ses fonctions et que la faculté procréatrice n'existait plus chez eux parce que le sperme n'était pas *sécrété* ; plus tard, on dit que, quoique le sperme s'élaborât, il n'avait pas chez les vieillards la propriété fécondante, parce que les spermatozoïdes n'y existaient pas. On peut dire que telles étaient les idées admises par la plupart des physiologistes, lorsque Duplay entreprit ses recherches, dont le résultat fut de démontrer que les zoospermes existaient dans le sperme de la plupart des vieillards jusqu'à un âge des plus avancés.

Il est bien établi aujourd'hui que des octogénaires, des nonagénaires même peuvent encore espérer de se voir revivre dans leurs propres enfants, et l'on peut à la rigueur considérer comme vraisemblable le fait de Jacques Suwington, mort à 160 ans, laissant un fils de 9 ans.

Il résulte, en effet, des recherches de M. Duplay que, sur plus de 50 individus d'un âge avancé, il a trouvé 37 fois des spermatozoïdes dans les voies séminales, et sur ce nombre de 37, il a vu 27 fois des spermatozoïdes bien conformés, 2 fois des spermatozoïdes ayant une tête intacte avec une queue plus courte, 1 fois un grand nombre de têtes dont quelques-unes étaient suivies d'un tronçon de queue brusquement coupée, et 5 fois un mélanges de deux états, zoospermes bien faits, et spermatozoïdes mal conformés.

M. Lannelongue, à son tour, a étudié ces altérations des zoospermes, et voici quels sont les résultats de ses recherches; il s'est attaché surtout à étudier les divers états par lesquels passent les spermatozoïdes, avant d'arriver à la destruction complète; il les a suivis dans chacune de ces phases.

Les altérations des spermatozoïdes consistent en une série de modifications qui frappent simultanément la queue ou la tête ou indépendamment chacune de ces deux parties.

La queue est plus souvent atteinte que la tête ou plutôt la première envahie, et la partie de cet organe qui avoisine la tête est plus altérée que le reste.

Les lésions qui la frappent sont, à un premier degré, un état particulier de l'un ou des deux bords, qu'il désigne sous le nom d'état crénelé et dans lequel on voit, au voisinage de la tête, des sinuosités dans les bords qui offrent l'aspect de dentelures.

A cet état succède une autre modification dans laquelle on voit des granulations isolées, qui occupent par places une portion de la longueur de la queue du zoosperme; on peut en compter trois, quatre, cinq ou davantage, placées bout à bout, comme les grains d'un chapelet, auxquels fait suite une partie de la queue encore intacte. D'autres fois, l'extrémité de la queue offre une ou plusieurs granulations, tandis que le reste ne présente en général qu'une ou deux granulations au niveau de son union avec la tête; à cet état granuleux succède la séparation de la queue, d'avec la tête, et la division en segments. Les granulations se détachent et deviennent libres. Des tronçons du protoplasme de la queue restent alors isolés et paraissent comme de petits cylindres; plus souvent on voit ces tronçons eux-mêmes granuleux constitués par une rangée linéaire de cinq ou six granulations.

Lorsque les lésions se bornent à la queue, lorsque celle-ci s'est détachée, on ne voit alors que des têtes de zoospermes intactes ou peu modifiées, supportant ou non une faible partie de leur queue; ce sont là les zoospermes incomplets vus par Duplay, que cet auteur a rapportés à un arrêt de développement; un phénomène inverse, au contraire, a amené ce résultat; mais en même temps que les zoospermes incomplets, abondent, dans le champ de préparation, des spermatozoïdes dont la tête a seule subi pareille altération. Comme la queue, la tête devient granuleuse et se dissociera pour disparaître partiellement ou en entier lorsque cet état se sera constitué. Les granulations apparaissent indifféremment sur la tête soit au niveau de la partie pointue, soit sur les bords, soit même sur toutes ses parties. De là des aspects différents. En même temps, la tête se déforme, devient irrégulière; dans quelques circonstances, le zoosperme a conservé des débris de la cellule mère d'où il émane, et ces débris devenant granuleux en même temps, on a ces formes bizarres de la tête qu'on peut voir dans la fig. 4.

Telles sont les modifications qui ont été l'objet d'une étude suivie de la part de M. Lannelongue, dans les maladies du testicule et que nous nous bornons à rappeler sommairement, d'après l'exposé qu'il en a fait à la Société de chirurgie; leur connaissance nous a paru nécessaire, puisqu'on les rencontre dons les grosses hydrocèles. Pour les expliquer, faut-il invoquer une maladie de la pulpe séminale, du parenchyme en un mot? Non; car il n'est pas altéré, et, d'autre part, on

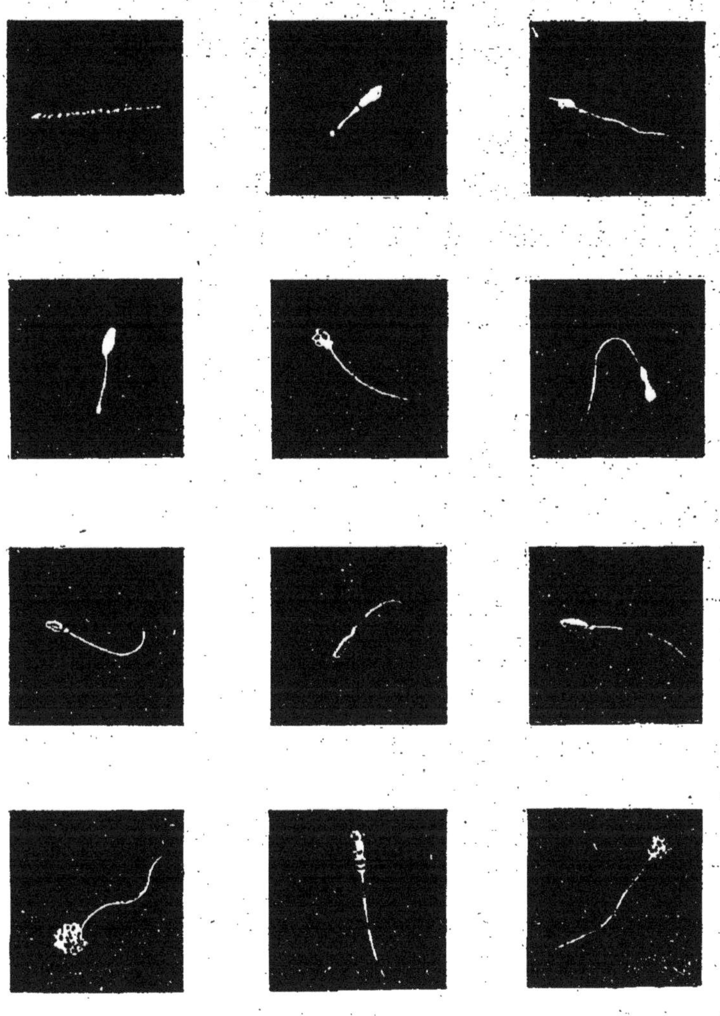

Fig. 4.

trouve des zoospermes complets et intacts à côté de ceux qui s'altèrent, ce qui prouve encore une fois que les changements et modifications des zoospermes ne sont pas le résultat d'un arrêt de développement; d'autre part, si on examine les zoospermes à des endroits divers des voies spermatiques, on ne trouve pas que les altérations soient partout les mêmes ou au même degré. Le nombre de spermatozoïdes altérés, peu considérable au niveau de la tête, prédomine au contraire au niveau du corps, et en suivant les voies spermatiques, on n'en trouve plus dans les vésicules séminales; ce qui prouve que la destruction de ces éléments se fait à l'épididyme. Duplay, à propos des altérations des voies spermatiques, chez les vieillards, avait déjà fait la même remarque. « Lorque l'on voudra rechercher chez le vieillard une cause anatomique de son infécondité, dit-il, l'attention devra plutôt se diriger sur l'appareil excréteur que sur l'appareil sécréteur; on devra se préoccuper surtout des oblitérations du canal de l'épididyme, des conduits déférents, et des vésicules séminales dont l'effet est d'empêcher la marche ascendante du sperme. » (Duplay, *Archives générales de médecine.*)

Dans son addition à l'ouvrage de Curling, M. le professeur Gosselin insiste aussi sur le rôle que jouent les oblitérations de l'épididyme sur l'aptitude à la fécondation.

Mais, dans les hydrocèles, il ne s'agit pas d'une oblitération proprement dite comme celle, par exemple, qui succède aux épididymites. Les canaux séminifères, quoique étalés et écartés les uns des autres, ne sont pas oblitérés, et cependant, même dans ce cas, les zoospermes peuvent être déjà altérés. Ainsi, dans la seconde de nos observations, le testicule était sain, les cônes séminifères étaient séparés les uns des autres, il n'y avait qu'un étalement de ces conduits, le corps de l'épididyme était seulement allongé, et cependant ni dans la vésicule séminale, ni dans la queue ni dans la tête de l'épididyme on ne trouvait de spermatozoïdes ; on ne trouvait qu'un état granuleux. D'autres fois on comprend mieux encore pourquoi on ne trouve de spermatozoïdes ni dans les vésicules séminales ni dans l'épididyme. Je veux parler de ces cas où la tête de l'épididyme est aplatie et où les cônes séminifères qui les portent se perdent avant d'arriver au testicule ; dans ce cas, les éléments ne peuvent plus y arriver, les voies spermatiques, sans être oblitérées, sont rompues dans leur continuité.

Maintenant, s'il est vrai que dans ces cas il n'y a pas eu d'oblitération, il est probable que la perméabilité des canaux séminifères a été plus ou moins atteinte, par leur distension, par leur allongement, et que, du moment que les spermatozoïdes ne peuvent plus les parcourir comme à l'état normal, ils s'altèrent et se détruisent.

Pour nous, ce qui nous intéresse et ce que nous tenons à bien mettre en lumière, c'est que les altérations de l'épididyme qu'on observe dans les grosses hydrocèles sont suivies de la destruction des zoospermes.

Si, comme M. Duplay l'a démontré, l'âge n'est pas, dans la majorité des cas, une cause suffisante pour produire l'absence des zoospermes, il ne faut pas oublier que ceux-ci manquent, par le seul fait de l'âge, 32 fois sur 100 sexagénaires, 41 fois sur 100 septuagénaires, et 52 fois sur 100 octogénaires. Donc, à ce dernier terme, la proportion est d'un peu plus de la moitié.

Dans les cas où les altérations des organes génitaux sont unilatérales, il y aura toujours moyen, en examinant le testicule et les voies spermatiques du côté opposé, de savoir si la disparition des zoospermes tient à l'âge du malade ou à la lésion des organes générateurs, quand on est en présence d'un sujet âgé, c'est-à-dire quand la question de l'âge peut être posée.

On a signalé l'absence des zoospermes dans un grand nombre de lésions du testicule; on sait qu'ils manquent, du côté malade, dans la monorchidie, et qu'ils manquent tout à fait dans la cryptorchidie (Godard) (1).

M. Duplay, dans ses recherches sur le sperme des vieillards, a signalé leur absence dans les grosses hydrocèles, dans le varicocèle, et les orchites.

De son côté, Godard affirme que, si les testicules descendus offrent un état pathologique aigu ou chronique, ils ne produisent pas de spermatozoïdes.

M. Dieu signale aussi que sur 5 grosses hydrocèles qu'il a examinées, les zoospermes manquaieut dans 4 cas.

Enfin, dans ses études sur les oblitérations de l'épididyme et des voies spermatiques, M. Gosselin avait déjà observé qu'elles ne produisent pas l'atrophie du testicule, et il en avait conclu, avec beaucoup de raison, que l'organe étant sain, la fonction dont il est chargé ne pouvait pas être altérée, c'est-à-dire que la production des zoospermes devait se faire.

La série de modifications par lesquelles passent les zoospermes avant d'arriver à leur destruction, telles que nous venons de les décrire d'après M. Lannelongue, est une nouvelle preuve en faveur de l'opinion de M. Gosselin. Dans les maladies du testicule, il arrive souvent qu'on ne trouve pas de zoospermes dans les

(1) Etudes sur la monorchidie et la cryptorchidie chez l'homme. Paris, 1857, Godart, Archives de médecine, p. 7 et 53.

vésicules séminales ; mais, si on les cherche dans l'épididyme, on les trouve toujours en plus grand nombre au niveau de la tête. Tout dernièrement encore, nous en avons observé un exemple à Bicêtre.

En somme, ces altérations des zoospermes n'appartiennent pas seulement aux grosses hydrocèles ; on les rencontre dans les orchites, dans les varicocèles, dans les oblitérations des voies spermatiques ; elles ne sont donc pas produites exclusivement par l'hydrocèle ; il semble que, toutes les fois que l'appareil génital est malade, les éléments spermatiques ne possèdent pas une vitalité suffisante ; ils s'altèrent dès qu'ils arrivent à l'épididyme. Aussi, les altérations sont-elles plus avancées à mesure qu'on s'éloigne de la tête de l'épididyme.

CONCLUSIONS.

1° Dans les grosses hydrocèles, les lésions anatomiques les plus importantes occupent le corps et la tête de l'épididyme ; la queue reste normale, toujours dans ses rapports, souvent dans sa structure.

2° Ces altérations de l'épididyme peuvent se résumer ainsi : déplacement, élongation, déroulement et enfin étalement du corps sous forme d'un ruban ou d'une feuille très-mince ; déplacement de la tête qui s'écarte du corps d'Highmore, élongation et déroulement des cônes séminifères.

3° L'altération du liquide spermatique consiste essentiellement, non pas dans un arrêt de développement, mais dans un défaut de vitalité des spermatozoïdes qui s'altèrent à partir de la tête de l'épididyme, subissent la dégénérescence granuleuse et ne sont plus représentés à la fin que par des amas de granulations.

4° L'enseignement que nous pouvons tirer comme conclusion finale, c'est qu'il faut opérer de bonne heure les grosses hydrocèles, non pas seulement à cause de la gêne qu'elles produisent, mais surtout pour prévenir la stérilité.

Paris. A. Parent, imprimeur de la Faculté de Médecine, rue M.-le-Prince, [illegible]

Paris. A. PARENT, Imp. de la Faculté de méd., rue M.-le-Prince, 31.

www.ingramcontent.com/pod-product-compliance
Ingram Content Group UK Ltd.
Pitfield, Milton Keynes, MK11 3LW, UK
UKHW012106240726
13965UKWH00004B/1593